我的家在中國・民族之旅 ⑧

跳動音符間 的傳奇 | 民族音樂

檀傳寶◎主編　班建武◎編著

中華教育

目　録

第一曲　歌聲中的智力比賽

會唱歌的謎語 / 2

壯族歌仙劉三姐 / 4

「花兒」不是花 / 6

第二曲　英雄讚歌

嘎達梅林的故事 / 8

草原音樂的「活化石」：長調 / 10

一首唱了「1320 天」的歌 / 13

第三曲　歌曲的表情

「哭泣」的歌聲 / 16

愛笑的歌唱 / 18

第四曲　萬人大合唱

中國的複調 / 20

合唱的民族 / 22

第五曲　神奇的樂器

把駱駝唱哭的馬頭琴 / 24

會唱歌的大樹：冬不拉 / 27

音樂做紅媒 / 30

世界上最古老的笛子 / 34

第六曲　走向世界的民族音樂

艾爾肯和他的新疆音樂 / 36

南寧國際民歌藝術節 / 36

冬不拉演奏，比裝備

一場音樂擂台賽正在火熱進行中，來自不同地區的選手正在擂台上賣力表演，我們一起看看他們都拿出了甚麼獨門絕技吧！

嘎達梅林，比歷史

哭嫁，比賢德

侗族大歌，比人多

對歌，比才藝

歌聲中的智力比賽

你能想像到的智力比賽都有哪些呢？

國際象棋、橋牌、圍棋、魔方⋯⋯

除了這些之外，你還知道哪些有意思的智力比賽呢？

在壯族、布依族、傈僳族、畲族等民族中，長期流行着一種有意思的比賽——對歌。每逢節假日，或在勞作之餘，人們總會在田間地頭、郊外空地上用對歌的方式相互交流情感、表達觀點。對歌的內容一般是以當地的生活環境和風俗習慣為主。如果一個人不了解當地的生產生活，那麼，在對歌這場別開生面的智力比賽中，他一定輸得很慘！

會唱歌的謎語

或許你見過或參加過各種猜謎比賽，但是，下面這場別開生面的猜謎大賽，相信你一定很少看到。

參賽者不是要思考已經寫好的謎面，而是要及時回答各種即興的謎語。更為神奇的是，這種猜謎方式不是簡單的一問一答，出題者和回答者都是用唱的方式進行。

因此，這種猜謎不僅考驗一個人的智慧和應變能力，也考驗一個人的歌唱水平。要是沒有一定的演唱水平，一般人可不敢接受這樣的謎語考驗。

那麼，這是甚麼樣的謎語大賽呢？

原來，這就是我們前面所說的對歌。

下面這四個謎語分別說的是四種水果。請根據這四幅圖片的提示，將這些謎語與它們分別表示的水果連起來吧！

甚麼結果抱娘頸？　　甚麼結果一條心？　　甚麼結果抱梳子？　　甚麼結果披魚鱗？

菠　蘿　　　　　　香　蕉　　　　　　柚　子　　　　　　木　瓜

上面這些謎語，實際上就是壯族非常流行的對歌內容。

　　廣西地處亞熱帶季風氣候區，氣候溫暖。那裏生長着許多熱帶、亞熱帶水果，菠蘿、香蕉、芒果、荔枝、龍眼、柚子、木瓜等，都是常見的水果。人們不僅愛直接吃這些水果，而且還用這些水果烹飪，如用菠蘿米做波蘿飯、拿柚子皮來燜燒肉、用檸檬製作檸檬鴨等。

◀對歌

3

壯族歌仙劉三姐

在對歌這場智力比賽中有許多高手，其中有一個特別有名，被譽為壯族的「歌仙」。她就是民間傳說中生活在桂林、柳州一帶的劉三姐。

①

劉三姐不僅天生麗質，歌聲動聽嘹亮，而且為人耿直，剛正不阿。財主莫懷仁覬覦美麗的劉三姐，欲納三姐為妾。

②

劉三姐機智聰明，她告訴莫懷仁，按壯家規矩，結親要先擺歌台對歌。莫懷仁請來滿腹經綸的秀才應戰，被劉三姐對得一敗塗地。

③

劉三姐不為莫家榮華富貴所動，而與對山歌的阿牛心心相印，共結連理。莫懷仁因此惱羞成怒，要迫害劉三姐。

④

劉三姐不忍心使鄉親流血和受牽連，毅然從山上跳入小龍潭中。隨着一道紅光，一條金色的大鯉魚從小龍潭中衝出，把三姐馱住，飛上雲霄。劉三姐就這樣騎着魚上天，到天宮成了歌仙。

尋找劉三姐

現在，在劉三姐的家鄉——廣西桂林，人們仍世代傳唱着她的歌曲。為紀念她在柳州傳唱的功績，人們在立魚峯的三姐岩裏，塑了一尊她的石像，一直供奉。

《印象‧劉三姐》的世界第一

《印象‧劉三姐》是全球最大的山水實景劇場，它以桂林山水的美景為舞台，在漓江中表演。整個舞台佔地 1.654 平方公里水域，還有 12 座著名的山峯。

參加演出的人員有 600 多人，其中大多數是當地的老百姓。他們白天務農，晚上就變成了演員。

世界旅遊組織官員看過演出後如此評價：「這是全世界其他地方看不到的演出，從地球上任何地方買張機票來看再飛回去都值得。」並將這裏推薦為世界旅遊組織目的地——最佳休閒度假景區。

「花兒」不是花

在我國青海、甘肅、寧夏、新疆等西部省區,流行着一種被稱為「花兒」的民歌,它被譽為「大西北之魂」。

這些民歌為甚麼被稱為「花兒」呢?莫非這些民歌唱的都是有關花的?

其實不然,這些民歌之所以被稱為「花兒」,主要因為歌唱這些民歌的大多是年輕人。

我們去看「花兒」表演吧?

「花兒」會表演甚麼啊?是不是會有很多漂亮的花啊?

「花兒」是一種民歌,不是鮮花!

「花兒」的起源

「花兒」起源於古稱河州的甘肅省臨夏回族自治州,居住在這裏的漢族、回族、藏族、東鄉族、保安族、土族、撒拉族等各族羣眾,無論在田間耕作、山野放牧,還是外出打工或路途趕車,只要有閒暇時間,都要唱上幾句悠揚的「花兒」。

絕對不可以！

「花兒」歌曲中，絕大部分唱的是年輕男女之間的愛慕之情，所以一般情況下，年輕人是不能對着長輩唱「花兒」的。

連一連

下面是一些民族的知名對唱曲目，請你將每首歌和它對應的民族連起來。

《別讓別人採你的花》 •　　　　　　• 高山族

《阿里山的姑娘》 •　　　　　　• 白族

《掀起你的蓋頭來》 •　　　　　　• 維吾爾族

《山丹紅花開》 •　　　　　　• 佤族

《月下情歌》 •　　　　　　• 達斡爾族

《忠實的心想念你》 •　　　　　　• 回族

英雄讚歌

民族歌曲不僅反映了各民族的生活環境，而且也包含了各族人民對本民族英雄的緬懷與崇敬。

這些英雄通過一代代人的傳唱，依然活在各族人民的心中，成為他們民族精神的重要支柱。

嘎達梅林的故事

你所知道的歌曲當中，演唱時間最長的，大概有多少分鐘呢？

有這樣一首歌，從太陽升起開始演唱，一直要到正午太陽升到頭頂才能演唱完畢。

這首要演唱 4 個多小時的歌曲，就是蒙古族有名的敘事歌《嘎達梅林》。這首歌一共有 500 多段。

這首要唱 4 個多小時的歌，到底都在唱些甚麼呢？

原來，這首歌唱的是蒙古族人民的英雄──嘎達梅林不畏強暴，帶領蒙古族人民保衞家園的歷史故事。

你知道嗎？

嘎達梅林 (1892—1931) 姓莫勒特圖，本名那達木德，又名業喜，漢名孟青山，蒙古族，內蒙古哲里木盟 (今通遼市) 達爾罕旗 (今科爾沁左翼中旗) 塔木扎蘭屯人。「嘎達」是蒙古語，意為家中最小的兄弟，「梅林」是其官職，即札薩克達爾罕親王那木濟勒色楞的總兵。

嘎達梅林起義

　　多年前，蒙古族封建王爺企圖出賣土地，便勾結東北軍閥強行開墾土地。這一暴行引起蒙古族人民的強烈反抗。嘎達梅林為了人民的土地，為了人民的利益率眾起義，進行了一場轟轟烈烈的反抗封建貴族統治的鬥爭。但是後來起義軍遭人陷害，被敵人包圍，起義失敗後，嘎達梅林壯烈犧牲。

草原音樂的「活化石」：長調

蒙古族的音樂在唱法方面非常有特點。

在蒙古族中，有一種音樂形式，它的特點是詞非常少，但是音非常長。在蒙古族的重要儀式活動，如婚禮、喬遷新居、嬰兒誕生以及其他社交活動和宗教節慶儀式上，都能聽到這種演唱。在摔跤、射箭和馬術比賽的狂歡運動會——那達慕大會上，更是離不開這種演唱，這就是蒙古族的長調。

長調在音樂上的主要特徵是歌腔舒展，節奏自如，高亢奔放，字少腔長，不少樂句都有一個長長的拖音，再加上起伏的顫音，唱起來豪放不羈，一瀉千里。

這已經成了蒙古族音樂的重要標誌。

一個人唱兩個聲部

在音樂表演中，經常會有不同聲部之間的相互配合，唱出動人的音樂。不同的聲部都是由專門的人負責演唱。

但是，蒙古族有一種特有的唱法——呼麥，一個人可以同時發出多個聲部的聲音。

呼麥，是一種特別的「喉音」藝術，即一人利用嗓音的低音持續聲部產生的泛音，與低音持續聲部形成兩個以上聲部的和聲。呼麥既可一人演唱，也可多人演唱。

2006 年 5 月 20 日，呼麥經國務院批准列入第一批國家級非物質文化遺產名錄。2009 年 10 月 1 日，蒙古族呼麥成功入選世界非物質文化遺產名錄。

嫦娥姐姐，你唱的是甚麼歌啊？真好聽！

我唱的是蒙古族的長調《富饒遼闊的阿拉善》。

你知道嗎？

2007 年 10 月 24 日，我國的首顆繞月衛星「嫦娥一號」搭載了三十餘首歌曲奔赴太空，其中一首就是蒙古族長調民歌《富饒遼闊的阿拉善》。

呼麥產生的傳說

　　話說有關呼麥的產生，蒙古族人有一奇特說法：古代先民在深山中活動，見河汉分流，瀑布飛瀉，山鳴谷應，動人心魄，聲聞數十里，便加以模仿，遂產生了呼麥。

呼麥是這樣練成的，你想試試看嗎？

（1）保持身體正常端坐或站立姿勢，放鬆，嘴角儘量後牽，張大口，自然露出牙齒，舌頭放鬆自然懸空於口腔中部，下腹用力，喉嚨稍緊張，大聲發「ɑ」音（發音都是按照漢語拼音，即「啊」）。

（2）按照漢語拼音發音，在發出「ɑ」音後，儘量保持口腔形狀不動（如含物狀），唇形儘可能平滑變化，使發音從「ɑ」音變為「o」（音「噢」），再變為「u」（音「烏」），穩定在「u」音上3～5秒。

（3）持續進行ɑ——o——u（啊——噢——烏）母音變換，練習者可以用心傾聽自己的聲音變化，從中可以捕捉到微小的金屬般的泛音，像口哨音一般，似乎在來來回回走動，這就是泛音。

一首唱了「1320 天」的歌

不要以為《嘎達梅林》就是歌唱時間最長的歌曲。

有這樣一首歌,完整唱完所需的時間要遠遠多於《嘎達梅林》。柯爾克孜族的《瑪納斯》,有20多萬行,把這首史詩唱完,需要幾天幾夜不斷地唱。

20世紀60年代,文藝工作者在為《瑪納斯》的主要傳承人居素甫·瑪瑪依錄音。當居素甫演唱到第六部《瑪納斯》時,這次工程被中斷了,直至1983年3月20日上午11點,他終於唱完了最後一行,歷時1320天。時年65歲的居素甫·瑪瑪依以驚人的記憶力唱出了完整的20多萬行柯爾克孜族英雄史詩《瑪納斯》。

1320
DAYS

瑪納斯塑像▶

《瑪納斯》中的八大英雄

　　《瑪納斯》是一部反映柯爾克孜族人民歷史的英雄史詩。《瑪納斯》並非只有一個主人公，而是一家子孫八代人。整部史詩以第一部中的主人公之名而得名。

《瑪納斯》

第 1 部《瑪納斯》

敘述了第一代英雄瑪納斯聯合分散的各部落和其他民族受奴役的人民共同反抗卡勒瑪克、契丹統治的業績。

第 2 部《賽麥台依》

講述瑪納斯死後，其子賽麥台依繼承父業，繼續與卡勒瑪克鬥爭。

第 3 部《賽依台克》

描述第三代英雄、賽麥台依之子賽依台克嚴懲內奸，驅逐外敵，重新振興柯爾克孜族的英雄業績。

第 4 部《凱耐尼木》

述說第四代英雄、賽依台克之子凱耐尼木消除內患，嚴懲惡豪，為柯爾克孜族人民締造了安定生活。

第 5 部《賽依特》

講述第五代英雄、凱耐尼木之子賽依特斬除妖魔，為民除害。

第 6 部《阿斯勒巴恰、別克巴恰》

敘述阿斯勒巴恰的夭折及其弟別克巴恰如何繼承祖輩及其兄的事業，繼續與卡勒瑪克的統治進行鬥爭。

第 7 部《索木碧萊克》

述說第七代英雄、別克巴恰之子索木碧萊克如何戰敗卡勒瑪克、唐古特、芒額特部諸名將，驅逐外族掠奪者。

第 8 部《奇格台依》

敘說第八代英雄、索木碧萊克之子奇格台依與捲土重來的卡勒瑪克掠奪者進行鬥爭的英雄業績。

40 歲之前不能登台演唱的歌

演唱《瑪納斯》的民間歌手，柯爾克孜語裏叫作「瑪納斯奇」。每逢喜慶節日歡聚時，邀請瑪納斯奇來演唱《瑪納斯》，已成為柯爾克孜族牧民的傳統習俗。

《瑪納斯》的初學者大多在 10 歲左右，但要遵循柯爾克孜族的祖訓：《瑪納斯》是神聖的，每一個瑪納斯奇在 40 歲以前是不能公開登台演唱的，否則將會招致不祥。所以，這些初學者有充足的時間苦練基本功，他們一般不把主要精力放到背誦詩篇上，而是通過大量的聽或談，理清史詩中主要人物和事件之間的聯繫。

當代的荷馬

當今世界上最傑出的《瑪納斯》歌手無疑是居素甫・瑪瑪依。他唱出了 20 多萬行史詩——世界上最完整的《瑪納斯》，比荷馬唱的英雄史詩《伊利亞特》長 14 倍。地球上大概也只有居素甫・瑪瑪依能做到這一點：他演唱出的《瑪納斯》史詩印成一套 32 開本的書後，書的厚度超過了 50 厘米。中國民間文學泰斗鍾敬文評價說，居素甫・瑪瑪依是「當代的荷馬」。

你知道嗎？

除了《嘎達梅林》《瑪納斯》外，很多民族也都用譜成歌曲的方式，記載和傳承着關於本民族的歷史英雄事跡。如畬族的《高皇歌》、瑤族的《盤王歌》、哈尼族的《開天闢地歌》、獨龍族的《創世紀》等，都是用歌聲來訴說自己民族的歷史。

除了這些外，你還知道哪些歌唱英雄的民族歌曲？

第三曲
歌曲的表情

民族歌曲不僅歌唱英雄，而且很多民族歌曲都是有表情的。其中，最為常見的表情有兩種：哭與笑。

有的歌曲，是邊哭邊唱；有的歌曲，則是在笑聲陣陣中一氣呵成。

不管是哭還是笑，這些歌曲中，都蘊含着特定民族的風土人情，反映着他們對美好生活的共同祈盼。

「哭泣」的歌聲

姑娘出嫁，應該是一件喜事。但是，對於這樣一件喜事，有些民族卻用哭聲來慶賀。

我國的哈薩克族、柯爾克孜族、土族、傣族、彝族、侗族、哈尼族、土家族等民族，都有婚前唱哭嫁歌的習俗。

土家族姑娘的結婚喜慶之日是在哭聲中迎來的。土家族的哭嫁歌，表達的是出嫁的女兒對父母養育之恩的感激之情。新娘在結婚前半個多月就開始哭，至少三五日，有的要哭一月有餘。土家族還把能否唱哭嫁歌，作為衡量女子才智和賢德的標誌。哭嫁歌有「哭父母」「哭哥嫂」「哭伯叔」「哭姐妹」「哭媒人」「哭梳頭」「哭戴花」「哭辭爹離娘」「哭辭祖宗」「哭上轎」等等。

複雜的婚禮歌曲

　　雲南普米族的婚禮歌曲種類多樣。結婚時，男方到女方迎親要唱《迎親調》《出門調》，接新娘時雙方要唱《盤婚調》，新娘上馬離家前要唱《上馬調》，半路上遇到新郎的迎親隊伍要唱《下馬調》，新娘被接到新郎家時主婚人要唱《關門調》和《開門調》，接待來客時要唱《迎客調》等。

土家族姑娘的「哭父歌」

天上星多月不明，爹爹為我苦費心；
爹的恩情說不盡，提起話頭言難盡。
一怕我們受飢餓，二怕我們生疾病；
三怕穿戴比人醜，披星戴月費苦心。
四怕我們無文化，送進學堂把書唸；
把你女兒養成人，花錢費米恩情深。
一尺五寸把女盤，只差拿來口中銜；
艱苦歲月費時日，挨凍受餓費心腸！
女兒錯為菜籽命，枉自父母費苦心；
我今離別父母去，內心難過淚淋淋！
為女不得孝雙親，難把父母到終身；
水裏點燈燈不明，空來世間枉為人！

愛笑的歌唱

在歌聲中，最常見的表情就是笑。

遇到好事了，人們會笑；有朋友來了，人們也會笑。

對於很多熱情好客的民族來說，「有朋自遠方來」是一件非常高興的事情。他們會用自己獨特的方式向客人表示歡迎。其中，祝酒歌是很多民族歡迎客人的最熱烈的方式之一。

▲侗族少女的祝酒歌

不容小覷的迎客酒歌

在苗族村寨裏，每當節日或接親、嫁女、回門認親、吃滿月酒等喜慶之日，三親六戚或遠方的客人會前來祝賀，當主人的就在寨口或門口以端米酒、唱迎客酒歌和勸客人喝攔路酒的特殊方式迎接客人，以表達誠摯的敬意。攔路酒視場地情況，少則擺一至三道，最多為十二道，其中最後一道設在主人家門口。

▼苗族人唱迎客酒歌

蒙古族「祝酒歌」的要求

在內蒙古的各個草原上，每到一處凡有宴席必有酒，喝酒必有祝酒歌，而祝酒歌又基本上都使用**蒙古族**的祝酒歌《金杯銀杯》，有的有伴奏演唱，有的清唱，有的合唱，邊唱邊端上滿滿一杯，再把客人的名字編到歌詞裏，反覆地唱，直到唱得對方一飲而盡為止。

《金杯銀杯》

金杯裏斟滿了醇香的奶酒

賽勒爾外冬賽

朋友們歡聚一堂盡情乾一杯

賽勒爾外冬賽

豐盛的宴席上烤全羊鮮美

賽勒爾外冬賽

親人們歡聚一堂盡情乾一

賽勒爾外冬賽

琴聲悠揚歌聲清脆

賽勒爾外冬賽

貴賓們歡聚一堂盡情乾一杯

賽勒爾外冬賽

小百科

祝酒歌是一種或者一類歌曲的總稱。常用在喜慶的場合及歡迎的宴會上，是一種用以祝酒、勸酒、表達美好祝願及敬意的歌曲。

萬人大合唱

一場合唱人數達到10888人，更為神奇的是，這樣大規模的合唱竟然沒有伴奏，也沒有指揮，而且還包含了不同聲部。這場史無前例的合唱已經被載入上海健力士世界紀錄，它就是2005年在黔東南地區舉行的侗族歌唱表演。

侗族大歌有甚麼魅力，竟然吸引了如此多的人呢？

中國的複調

一直以來，世界音樂界都認為中國沒有多部和聲藝術，但是，侗族大歌的出現，使整個世界音樂界為之驚歎，從此扭轉了國際上關於中國沒有複調音樂的說法。

侗族大歌以「眾低獨高」，複調式多聲部合唱為主要演唱方式。侗族大歌需要3人以上的歌班（隊）才能演唱，每個歌班包括至少一個領唱，一個高音和若干低音。

1986年，在法國巴黎金秋藝術節上，貴州黎平侗族大歌一經亮相，技驚四座，被認為是「清泉般閃光的音樂，掠過古夢邊緣的旋律」。

小百科

複調音樂，即若干旋律同時進行而組成有機整體的一種音樂形式。

中國竟然有這麼動聽的多聲部音樂，以前怎麼就沒有聽說過呢？

沒有指揮和伴奏的合唱

相信我們都聽過合唱。在合唱中，哪些要素是必備的呢？

首先，應該有合唱的隊員。其次，要有一個得力的指揮。最後，還要有一個給力的樂隊來伴奏。

但是，你有沒有想過，有一種合唱，既不需要指揮，也沒有樂隊。

沒有指揮，這是真的嗎？這豈不是容易亂套啊？

侗族大歌就是沒有指揮、沒有伴奏的合唱。領唱的起音，就是給歌曲定調，調定得好才能發揮歌隊的演唱水平。因此，要成為侗族大歌的領唱，可不是一件容易的事情。

侗族大歌的榮譽

2005年侗族大歌已被列入第一批國家級非物質文化遺產名錄，2009年侗族大歌被列入聯合國《人類非物質文化遺產代表作名錄》。

聯合國教科文組織保護非物質文化遺產政府間委員會評委認為，侗族大歌是「一個民族的聲音，一種人類的文化」。

合唱的民族

這些侗族大歌如此動聽，侗族人民天生就是優秀的大歌歌唱者嗎？

不是的。他們也是通過學習才掌握這種歌唱技巧的。

在侗族地區，幾乎所有的人很小的時候就會跟隨歌師練習唱歌，到了五六歲的時候就進入歌班，以後隨着不同的年齡階段轉換歌班，直至老年。可以說，他們的

▲ 這些小朋友從五六歲就開始正式學唱大歌了

一生在歌唱中度過，是一個真正意義上的「合唱民族」。像這樣通過歌班的形式，將社會多數成員有效地組織成不同形式的合唱隊的民族，在中國各民族中，僅此侗族一家。

侗族歌隊

兒童歌隊以教唱童聲大歌為主，歌詞注重童趣和音樂的特點，便於兒童學習，也能激起他們的興趣。

少年歌隊的教學主要是考慮到讓隊員在歌唱中學到知識，所以涉及的歌曲是以一般大歌、禮俗大歌等為主。

青年歌隊就教授在各種場合如何對歌等內容。

教歌的步驟是：先教歌詞，待歌詞熟悉後，歌師才教全體隊員唱低音聲部的旋律，在這個環節中非常強調如何輪流換氣；接着教如何在低音的基礎上配唱高音，指出配高音的規律；最後是兩個聲部的合唱，指導聲部間的配合，做到兩聲部和諧動聽。

不可思議！

2003 年，首屆中國侗族大歌節在貴州省從江縣舉行，有 1212 人參加「侗族大歌」演唱。這次千人「侗族大歌」演唱參加者最大年齡為 80 歲，最小的僅 4 歲。這可是年齡跨度超過半個世紀的歌唱比賽。

「飯養身，歌養心」的民族

侗族大歌為甚麼在侗族地區這麼流行呢？這些歌一般在甚麼情況下演唱呢？

侗族大歌在侗族的社會生活中具有十分重要的作用。人們通過它來傳承歷史、生產知識和做人的道理；通過它來戀愛結婚，延續後代；通過它來反映生活，謳歌自然，表達理想，豐富自身的精神境界。

因而侗族羣眾把侗族大歌看得與物質生活同等重要，稱之為「飯養身，歌養心」。

大歌中的侗族歷史

祖公原來住江西，沒吃沒穿到另棲。
來到廣西梧州府，住了數年又東西。
後到榕水兩岸河，説起話來真稀奇。
吳潘兩姓走一方，祖公尋找到小黃。
一洞喊為二千九，二洞千三四寨鄉。
千五平過多走路，六洞山坡近上王。
九洞九堡到往洞，上寨黎平勞動忙。
潘老住在路邊上，長春滿團好風光。
錦屏天柱還記譜，湖南通道叫侗鄉。

——《祖公上河》

大歌中的生產活動

祖先開山又劈嶺，為我們留下好河山。
男人耕田種地早出晚歸兩頭黑，
女人紡紗織布夜夜五更月亮落。
前輩勤儉好榜樣，子孫要把勤儉學。
正月不要留戀鞋和襪，先把刀斧快快磨。
砍出荒山嶺連嶺，好種玉米和粟禾。
傍晚回家挑擔柴，年長月久積得多。
正月過去接二月，人不停歇上山坡，
挖田挖地功夫緊，農活全靠勤耕作。
三月南風吹來萬山綠，
割青送肥來往似穿梭，
人勤春早做在先，雨季防洪護壩治江河……

——《十二月勞動歌》

23

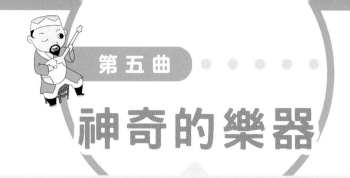

第五曲 神奇的樂器

動聽的民族音樂不僅來自各族人民百靈鳥般的嗓音，也來自獨特而又神奇的民族樂器。

蒙古族的馬頭琴，哈薩克族的冬不拉，苗族的蘆笙，瑤族的牛角⋯⋯共同奏響着神州大地的天籟之音。

把駱駝唱哭的馬頭琴

在烏蘭察布草原，有些母駱駝不知甚麼原因就是不願給剛生下來的小駱駝餵奶。這時，牧民們就會請來民間藝人，拉奏一種神奇的樂器。這種樂器發出低沉動聽的曲調，往往會讓母駱駝感動得流下眼淚，主動帶走駝羔並給牠餵奶。

這是一種怎樣的樂器，能夠有如此強大的感染力？

它就是蒙古族音樂裏最重要的樂器——馬頭琴。

馬頭琴

　　馬頭琴是一種兩弦的弦樂器，有梯形的琴身和雕刻成馬頭形狀的琴柄，它是蒙古族人民最喜愛的樂器。

　　很多有名的蒙古族歌曲都離不開馬頭琴的伴奏。如《朱色烈》《四季》《牧馬人之歌》《蒙古小調》《鄂爾多斯的春天》《清涼的泉水》《走馬》《馬的步伐》《乾杯》和《草原連着北京》等都由馬頭琴伴奏。

　　2006 年 5 月 20 日，蒙古族馬頭琴音樂經國務院批准列入第一批國家級非物質文化遺產名錄。

琴頭

琴軸

上碼

琴弓

琴弦

弓毛

琴杆

指板

側板

下碼

音孔

面板

拉弦繩

馬頭琴的來歷

馬頭琴相傳是一個名叫蘇和的牧民為懷念他心愛的白馬而製作的。很久很久以前，草原上有個牧馬少年，名字叫蘇和。他養了一匹美麗又健壯的白馬。蘇和與白馬就像一對好朋友，整天形影不離。

有一年，草原上的王爺舉行賽馬會。蘇和就帶着他的白馬一起參加，並獲得了第一名。王爺搶了蘇和的白馬佔為己有，並把蘇和打了一頓。

但是，白馬並不願意和蘇和分開，就使勁掙脫王爺的控制逃了出去。王爺便命人用箭射殺白馬。白馬身上中了很多箭，但是牠還是堅持跑到了蘇和面前，牠親了親主人蘇和的臉，倒地而死。

白馬死後，蘇和非常傷心。一天夜裏，他做了一個夢，夢見自己的白馬回來了。白馬在夢中讓蘇和從自己的身上拿一件東西做一把琴，這樣他們就可以在一起了！

蘇和醒來後，含着眼淚拿白馬的骨頭做了一把琴，拿牠的筋做弦，拿牠的尾巴骨做弓，琴杆頂上雕刻了個馬頭。從此，蘇和天天拉琴，拉了許多好聽的曲子，遠遠聽起來，就像白馬在唱歌。

其他的牧民聽到這優美的曲子，都學着蘇和的琴的樣子，用木頭做了許多馬頭琴，他們一邊放牧一邊拉着馬頭琴，就這樣馬頭琴傳遍了整個草原。

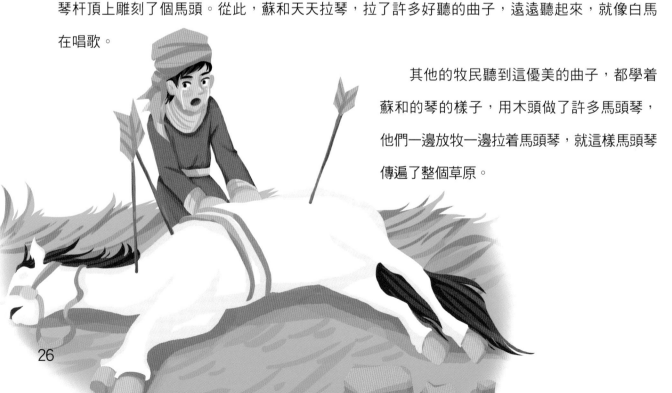

會唱歌的大樹：冬不拉

傳說在很久以前，一名叫阿肯的<u>哈薩克族</u>青年，喜歡上了一名聰穎美麗的姑娘。但是，這位美麗的姑娘給阿肯出了一個難題，除非阿肯能夠找到一棵會唱歌的樹，否則，她是不會嫁給阿肯的。

這可把阿肯難倒了。有一天晚上，阿肯殺了一頭羊，烤羊肉充飢，並隨手將羊腸掛在樹枝上。鬱悶的阿肯喝了一些酒之後，就靠在樹上睡着了。

夜裏，阿肯被一陣悅耳的聲音喚醒了。原來，掛在樹上的羊腸被風吹乾後，發出了動聽的聲音。

本來很鬱悶的阿肯頓時高興起來。他把樹砍下來，用它做成了冬不拉的琴身，將羊腸揉成琴弦。他彈起用大樹做的冬不拉，向心愛的姑娘傾訴愛慕之情。優美的樂聲深深打動了姑娘的心。從此，兩人結成伴侶，冬不拉也就在哈薩克族流行開來。

在哈薩克族中，彈奏冬不拉的高手都被稱為「阿肯」。因此，哈薩克族有一句諺語：「阿肯是世界上的夜鶯，冬不拉是人間的駿馬。」

冬不拉

用冬不拉彈奏的樂曲有200多首，內容豐富，題材廣泛。較為著名的有《奔跑的海騮馬》《再見阿勒泰》《驕傲的姑娘》《百靈鳥》《夜鶯》等。

我叫「江布爾冬不拉」。我的名字來源於民間阿肯江布爾。

我叫「阿拜冬不拉」，我是以詩人阿拜的名字命名的。

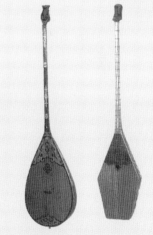

▲ 請你看看這兩種冬不拉有甚麼不一樣？
江布爾冬不拉的音箱是橢圓形的，阿拜冬不拉是三角形的音箱。

這怎麼可能呢？你這不是故意為難我嗎？

如果你能找到一棵會唱歌的大樹，我就嫁給你！

哈薩克族的靈魂吟唱：阿肯彈唱會

阿肯彈唱是哈薩克族人民悠久的民間傳統藝術形式。每逢阿肯彈唱會，遠近的人們身着盛裝，騎着駿馬，彈着冬不拉，載歌載舞來到鮮花盛開的草原上，各路歌手登場獻藝，聽眾們喝彩助威，經常是通宵達旦、一連數日地盡興。

阿肯彈唱有兩種形式：一是阿肯懷抱冬不拉自彈自唱，這種彈唱多是演唱傳統的敘事長詩和民歌；二是對唱，有兩人對唱，也有多人對唱。對唱的特點是即興創作，具有賽歌的性質，把雄辯和唱詩結合在一起，既富生活氣息，又生動活潑。他們所唱的內容大致可分為頌歌、哀怨歌、情歌、習俗歌、詼諧歌五大類。

▲ 獲健力士紀錄的冬不拉

▲ 阿肯懷抱冬不拉，自彈自唱

冬不拉的彈奏特點

冬不拉音量並不大，但音色優美。演奏的基本方法是彈與挑，一般彈用於重拍，挑用於輕拍。運用冬不拉不同的演奏技巧，能夠形象地表現草原上淙淙的泉水、清脆的鳥鳴、歡騰的羊羣和駿馬疾行的蹄聲等。冬不拉彈奏的力度和速度變化多端，尤其適合表現快速的樂曲。

哈薩克族的牧人們騎着高頭大馬走在牧歸的路上，或喜歡在牲口面前，或在高地上縱情彈唱冬不拉。

哈薩克族把冬不拉當成生活中必不可少的用品。在哈薩克族的氈房裏，經常能看到各種懸掛或擺放着的冬不拉。

冬不拉 VS 熱瓦普

(1) 主人不一樣：
- 熱瓦普主要是維吾爾族和塔吉克族的彈弦樂器。
- 冬不拉則是哈薩克族的彈弦樂器。

(2) 結構不同：
- 熱瓦普音箱為木質，呈半球形，蒙以蟒皮，張五根金屬弦。
- 冬不拉的音箱也為木質，有橢圓和三角形兩種，張兩根弦。

(3) 演奏方式不同：
- 熱瓦普的音色響亮，多用於合奏與伴奏，亦可作為獨奏樂器使用。
- 冬不拉音量較小，一般用於自彈自唱、獨奏與合奏等。

◀熱瓦普

音樂做紅媒

不要以為只有古代的男女青年結婚一定要通過媒婆介紹。

直到今天，中國西南一帶的苗族青年還是要請媒婆幫忙的。只不過，他們的媒婆不是我們常見的媒婆，而是「蘆笙」！

每當風清月夜，小伙子手捧心愛的蘆笙吹一首婉轉悠揚的愛情曲，姑娘們聞聲，就心領神會，以清脆的歌聲相對。這種戀愛方式，外行人是聽不懂的，內行人一聽就能明白。因此，苗家男子人人會吹蘆笙。

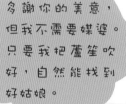

嗨，這年頭媒婆不好做啊。如果人人都像他一樣，我豈不是要失業了！

小伙子，我可是金牌媒婆啊，給你介紹個好姑娘吧！

多謝你的美意，但我不需要媒婆。只要我把蘆笙吹好，自然能找到好姑娘。

簧管樂器：蘆笙

這是甚麼東西？難道是一種古老的武器？

　　這既不是武器，也不是煙槍，而是西南地區的苗族、瑤族、侗族等民族青年人的重要媒人——蘆笙。蘆笙是一種古老的簧管樂器，逢年過節，人們都要舉行各式各樣、豐富多彩的蘆笙會，吹起蘆笙跳起舞，慶祝自己的民族節日。

　　蘆笙已經有三千多年的歷史。這是《詩經》中描述蘆笙的記錄。

　　呦呦鹿鳴，食野之苹。我有嘉賓，鼓瑟吹笙。

　　吹笙鼓簧，承筐是將。人之好我，示我周行。

——《詩經》

31

蘆笙的故事

相傳很久以前，苗族的祖先告且和告當造出日月後，又從天公那裏偷來穀種撒到地裏，可惜播種的穀子收成很差。為了緩解憂愁，告且和告當從山上砍了六根白苦竹紮成一束，放在口中吹出了奇特的樂聲。奇怪的是，地裏的稻穀在竹管吹出的樂聲中，長得十分茂盛，當年獲得了大豐收。從此以後，苗家每逢喜慶的日子就吹蘆笙。

想一想

蘆笙是用竹子做成的。那麼，蘆笙這種樂器主要流行於我國的南方還是北方呢？為甚麼？

小百科

除了馬頭琴、冬不拉、蘆笙外，各民族還有許多有意思的樂器。瑤族的牛角、傣族的象腳鼓、朝鮮族的長鼓……都是民族樂器大家庭裏的重要成員。

盛大的蘆笙節

▲蘆笙節開始前的祭祀活動

　　在苗家，每年都要舉行幾次盛大的蘆笙節。節日裏，苗族人民盛裝前往，各寨蘆笙手雲集蘆笙坡，平時寂靜的青山翠谷，頓時匯成蘆笙歌舞的海洋，滿山遍野，一望無際。在黔東南的谷隴地區，每年的農曆九月廿七到廿九，要舉行三天蘆笙節。這已成為苗族的傳統節日，參加蘆笙節的苗家男女達幾十萬人，不僅本地的蘆笙手競相參加，就是附近幾個縣、百餘里以外的鄰州鄰縣的蘆笙手，也披星戴月、帶着乾糧趕來參加獻藝。

▲蘆笙手競相參加獻藝

世界上最古老的笛子

　　我國的民族樂器不僅種類繁多，而且還有着非常悠久的歷史。你知道最早的笛子距今有多少年嗎？

　　考古發現，最早的笛子出現在距今九千多年前的新石器時代。它就是河南省舞陽縣出土的賈湖骨笛。

　　浙江河姆渡出土的骨哨，仰韶文化遺址西安半坡村出土的塤，河南安陽殷墟出土的石磬、木腔蟒皮鼓，湖北隨縣曾侯乙墓（公元前433年入葬）出土的編鐘、編磬、懸鼓、建鼓、排簫、笙、篪、瑟等古樂器，都向人們展示了中華民族的智慧和創造力。

▲ 這是賈湖出土的骨笛，是用鶴骨製成的，是世界上最古老的笛子，已經有九千多年的歷史了，現在還能演奏

你知道甚麼叫五音不全嗎？

　　在現代音樂裏面，基本的音階是 1 (do)、2 (re)、3 (mi)、4 (fa)、5 (sol)、6 (la)、7 (si) 一共七個。那我們怎麼會說一個不會唱歌的人是五音不全呢？

　　原來，中國古樂曲是五聲音階，同西方有別。如用西樂的七個音階對照一下的話，中國古樂的「五音」是宮、商、角、徵、羽，類似現在簡譜中的 1、2、3、5、6。即「宮」等於 1 (do)，「商」等於 2 (re)，「角」等於 3 (mi)，「徵」等於 5 (sol)，「羽」等於 6 (la)。因而在古代，人們形容一個人唱歌走調的時候，就會說他五音不全。

「編鐘外交」：
拉近中國與世界的距離

沉睡了兩千多年的編鐘，在當代發出了它的最強音。

1992年，「曾侯乙墓出土文物特別展」在日本東京舉行，以紀念中日邦交正常化二十週年。曾侯乙編鐘等古樂器隨展演奏。寬敞的演奏大廳內，《楚殤》《櫻花》《四季》等中日兩國人民所熟悉的名曲，令聽眾陶醉不已。

1995年春，一年一度的「歐洲文化節」在盧森堡舉行。當年四月，湖北省博物館舉辦的「中國周代藝術品展」在盧森堡舉行，編鐘、編磬同時進行現場演奏，引起盧森堡、德國、英國、法國等國十多家媒體爭相報道。神奇的編鐘演奏使歐洲觀眾從剛開始的「極感興趣」，發展到後來對中國加深好感和日益關注。

▲曾侯乙墓出土的編鐘。編鐘是中國漢族古代大型打擊樂器，興起於西周，盛於春秋戰國直至秦漢

編鐘作為中國文化使者，至今已涉足二十多個國家和地區，佔世界人口約十分之一的人通過各種方式領略了編鐘的風采，有一百五十多個國家和地區的外賓在中國聆聽了編鐘演奏。

古老的編鐘，已成了中國對外交流的一張重要名片，煥發出新的生機。

1997年7月1日，在中英政府舉行的香港政權交接儀式現場，來自世界各地的數千名嘉賓，欣賞了由音樂家譚盾創作並指揮、用湖北的曾侯乙編鐘（複製件）演奏的大型交響曲《交響曲1997：天地人》，雄渾深沉的樂聲，激盪人心，震撼寰宇。

第六曲

走向世界的民族音樂

　　不管是春節聯歡晚會，還是一些著名的國內和國際音樂會，民族音樂都是其中非常重要的組成部分。

　　載歌載舞的各族人民，不僅向世界展示了他們的民族文化，而且也極大地豐富了世界音樂的類型。民族音樂成為音樂不斷創新和發展的重要源泉。

　　中國各民族的音樂不僅屬於本民族，也屬於整個人類。

　　民族音樂走向世界的故事，會越來越多……

艾爾肯和他的新疆音樂

　　艾爾肯·阿布都拉，維吾爾族，出生於新疆西部邊陲重鎮、文化名城喀什。作為一名維吾爾族音樂人，艾爾肯在創作中一直注重對維吾爾民族傳統音樂遺產進行繼承和發展。他充分吸收維吾爾族古老的刀郎、木卡姆藝術精華，創作出了《天山雄鷹》《千佛洞》等中西合璧、古為今用的優秀曲目，深受新疆人民喜愛。

　　2013 年艾爾肯的南美洲巡演，足跡幾乎遍佈整個南美大陸，從「足球王國」巴西的里約熱內盧到阿根廷的布宜諾斯艾利斯，從「赤道之國」厄瓜多爾到「玉米之倉」祕魯，行程幾千公里。演出所到之處，受到了南美人民的熱捧。

南寧國際民歌藝術節

　　南寧國際民歌藝術節的前身是創辦於 1993 年的廣西國際民歌節，1999年正式改為現名，舉辦地點定於廣西壯族自治區南寧市。

南寧國際民歌藝術節 ▶

南寧國際民歌藝術節的宗旨是繼承和弘揚壯族人民的文化藝術，加強與世界各民族文化的交流和發展。藝術節期間，國內著名藝術家、歌手以及國外民間藝術家為觀眾帶來精彩紛呈的民族文化節目演出。

歷屆藝術節舉辦以來，在國內外受到了廣泛讚譽，影響力不斷擴大。

▲ 南寧國際民歌藝術節的標誌：一隻站在地球上歌唱的和平鴿，其翅膀是跳動的音符

「中國好歌曲」

作為一名現場觀眾，如果要讓你投票，選出「中國好歌曲」，你會把自己的票投給哪首歌？請你至少列出三個評分標準，並對應地說出哪一個最符合相應的標準。

提示

標準 1：原創的

標準 2：旋律優美動聽的

標準 3：反映國際音樂潮流的

標準 4：……

標準 1

標準 2

標準 3

歌曲

我的家在中國・民族之旅 ⑧

跳動音符間的傳奇 | **民族音樂**

檀傳寶◎主編　班建武◎編著

責任編輯：鍾昕恩
裝幀設計：龐雅美
排　　版：張詠心　鄧佩儀
印　　務：劉漢舉

出版 / 中華教育

香港北角英皇道 499 號北角工業大廈 1 樓 B
電話：（852）2137 2338
傳真：（852）2713 8202
電子郵件：info@chunghwabook.com.hk
網址：https://www.chunghwabook.com.hk/

發行 / 香港聯合書刊物流有限公司

香港新界荃灣德士古道 220-248 號
荃灣工業中心 16 樓
電話：（852）2150 2100
傳真：（852）2407 3062
電子郵件：info@suplogistics.com.hk

印刷 / 美雅印刷製本有限公司

香港觀塘榮業街 6 號
海濱工業大廈 4 樓 A 室

版次 / 2021 年 3 月第 1 版第 1 次印刷
©2021 中華教育

規格 / 16 開（265 mm × 210 mm）